Lieferung 13

Preis 1 Mark
Gesamtpreis des Werkes gebunden 25 Mark

DIE ZEICHENKUNST

METHODISCHE DARSTELLUNG DES GESAMTEN ZEICHENWESENS

UNTER MITWIRKUNG
VON
A. ANDĚL, LUDWIG HANS FISCHER, M. FÜRST, O. HUPP, A. KULL, KONRAD LANGE, A. MICHOLITSCH, ADOLF MÖLLER, PAUL NAUMANN, F. REISS, A. v. SAINT-GEORGE, KARL STATSMANN, R. TRUNK, J. VONDERLINN UND HERMANN WIRTH

HERAUSGEGEBEN
VON

KARL KIMMICH

ZWEITE
VERBESSERTE UND VERMEHRTE AUFLAGE

MIT 1157 ABBILDUNGEN IM TEXT
UND 60 TAFELN IN FARBEN- UND LICHTDRUCK

23 LIEFERUNGEN à 1 MARK UND 2 EINBANDDECKEN à 1 MARK
KOMPLETT IN 2 ORIGINALLEINENBÄNDEN 25 MARK

LEIPZIG
G. J. GÖSCHEN'SCHE VERLAGSHANDLUNG

Einzelne Lieferungen werden nicht abgegeben
Die Abnahme von Lieferung 1 verpflichtet zum Bezug des ganzen Werkes

DIE ZEICHENKUNST

METHODISCHE DARSTELLUNG DES GESAMTEN ZEICHENWESENS

UNTER MITWIRKUNG

VON

A. ANDĚL, LUDWIG HANS FISCHER, M. FÜRST, O. HUPP, A. KULL, KONRAD LANGE, A. MICHOLITSCH, ADOLF MÖLLER, PAUL NAUMANN, F. REISS, A. v. SAINT-GEORGE, KARL STATSMANN, R. TRUNK, J. VONDERLINN UND HERMANN WIRTH

HERAUSGEGEBEN

VON

KARL KIMMICH

ZWEITE
VERBESSERTE UND VERMEHRTE AUFLAGE

MIT 1157 ABBILDUNGEN IM TEXT UND
60 TAFELN IN FARBEN- UND LICHTDRUCK

ZWEITER BAND

LEIPZIG
G. J. GÖSCHEN'SCHE VERLAGSHANDLUNG
1908

Druck der Spamerschen Buchdruckerei in Leipzig. — Farbendrucke von D. Walcher in Ulm. — Vierfarbendruck von F. Bruckmann, A.-G. in München. — Lichtdrucke von C. G. Röder in Leipzig und Sinsel & Co. in Ötzsch. — Papier von H. H. Ullstein in Leipzig.

Inhaltsverzeichnis.

XII

Das Ornament

Von

Adolf Möller

Begriff des Ornaments.

Das Ornament ist das eigentliche Gebiet der angewandten Kunst, des Kunstgewerbes.

Ein Verständnis für den Begriff „Ornament" gewinnt man nur dann, wenn man unter Ornament verstehen lernt: die kunstvoll vollendete Ausgestaltung einer Zweckform, deren Bestimmung und Bedeutung sie zum Ausdruck bringt, deren Material und Raumverhältnissen sie sich, meist unter dem Zwange einer bestimmten technischen Herstellungsweise, anpaßt. Der Begriff „Ornament" liegt also nicht ausschließlich in der Formensprache, sondern zum Teil auch in der farbigen Erscheinung der Formen.

Mit der Zweckform z. B. eines Gebrauchsgegenstandes innig verwachsen, wird die ornamentale Kunstform teils in konstruktiven, teils in symbolischen oder rein dekorativen Ausgestaltungen bestehen; sie wird, der technisch-wirtschaftlichen Entwicklung der Zeit folgend, auch veränderte Formen annehmen müssen und je nach der Denkart ihres Verfertigers den Charakter einer persönlichen Handschrift tragen.

Wir gliedern unsere Behandlung des Ornaments in:

I. eine Übersicht der Kunstformen, entstanden aus

1. struktiven,
2. symbolischen,
3. dekorativen Gründen,
4. aus dem Zwange des Materials und der Technik,
5. aus der persönlichen Auffassung ihres Verfertigers;

II. den Aufbau und die Anwendung der Kunstformen mit Berücksichtigung

1. des materiellen und ästhetischen Zwecks,
2. ihres technischen Aufbaus,
3. des ästhetischen Gefühls.

I. Die Entstehung der Kunstform.

Allgemein:

Wir können uns denken, wie der Mensch beim Anfertigen seiner Kleider, seines Hausrats von ganz primitiven Nutzformen ausgegangen ist, wie er allmählich in dem Bedürfnis, seine Arbeit auch wohlgefällig zu gestalten, zu einer kunstvolleren Ausgestaltung gelangt; wie sich, von Naturformen ausgehend, nach und nach bewußte künstlerische Absichten und ganz zuletzt ein verfeinerter Geschmack bei ihm entwickelt.

Es ist dies Bild der allgemeinen Entwicklung bei jedem einzelnen Menschen fast immer dasselbe.

Die Form struktiv

(struktiv von struere = [auf]bauen).

Als einleitendes Beispiel für eine „bauende“ Form eine solche aus der Architektur, dem Bereich, wo wirklich gebaut wird.

Aufgabe: Ein schwerer Steinbalken soll durch eine Stütze deutlich getragen werden.

Figur 718a. Selbst wenn wir uns vorstellen würden, daß die Stütze aus Eisen und daß der Stützpunkt statisch genau festgestellt wäre, daß also die Stütze den Balken wirklich tragen könnte, so haben wir nicht den Eindruck eines Tragens oder Abstützens, im Gegenteil nur das Gefühl eines unsicheren Balancierens.

Figur 718 b käme durch das wahrscheinlichere Verhältnis (Proportion) zwischen Last und Stütze der Grundform einer Säule schon näher. Aber selbst vorausgesetzt, daß uns eine hinreichende Festigkeit und Tragfähigkeit im Material bekannt wäre, so fehlt doch auch hier der sichtbare, überzeugende Ausdruck des Stützens. Die Form erscheint uns leblos.

Bei Figur 718c sehen wir zwischen Last und Stütze ein Zwischenglied, das die Vorstellung eines Abstützens bereits aufkommen läßt; es wäre dies die primitive Grundform einer tragenden Säule.

In der kunstvollen Ausgestaltung dieser Grundform gewinnen wir in Figur 718d den überzeugenden und vollendeten Formenausdruck eines sicheren und mühelosen Abstützens.

Figur 718c und d sind, weil sie den Eindruck einer bauenden Tätigkeit sichtbar hervorrufen (zwar künstlerisch verschieden wertvoll), struktive Formen.

Die notwendigste Grundform eines Gegenstandes Figur 718 b wird bedingt durch seinen materiellen Gebrauchszweck; sie trägt in ihrem richtigen Aufbau die ganze Verantwortung einer sicheren Konstruktion. Eine verkehrte Grundform kann daher auch durch keine noch so kunstvolle Ausgestaltung berichtigt werden. Der struktive Ausbau dagegen wäre, materiell genommen, unnötig (die primitive sowohl wie die kunstvollere Ausbildung des Kapitells wäre für die Tragfähigkeit der Säule, die durch die Festigkeit des Säulenkerns allein bedingt ist, an sich entbehrlich),

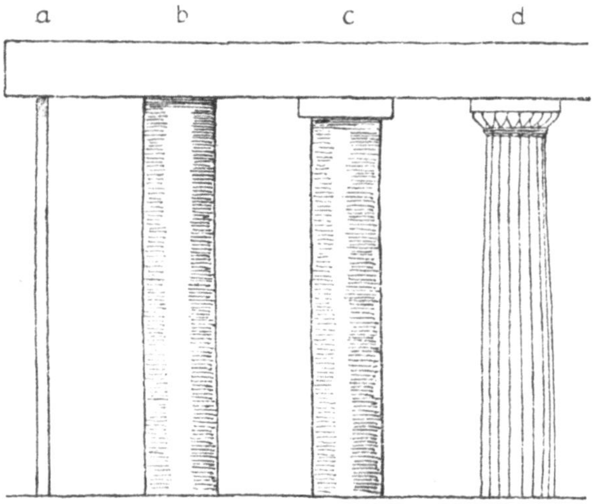

Fig. 718.

sie ist in rein idealem künstlerischen Sinne — und deshalb ebenso notwendig — der sichtbare, überzeugende Ausdruck eines richtigen Aufbaus.

Um überzeugend zu wirken, kann die struktive Ausgestaltung aber nicht willkürliche Formen annehmen. Wir haben die Vorstellung von struktiven Begriffen wie: Tragen, Stützen, Lasten, Ausbreiten usw. bewußt oder unbewußt aus der Naturanschauung gewonnen, und nur in ähnlichen Ausdrucksmitteln, durch die uns die Natur derartige Begriffe sichtbar anschaulich macht, können ähnliche Begriffe auch an der Kunstform bildlich dargestellt werden.

Die Natur bildet ihre Formen konsequent richtig, weil sie den Zweck und die Bestimmung ihres Gebildes durch seine Formen auch sichtbar zum Ausdruck bringt.

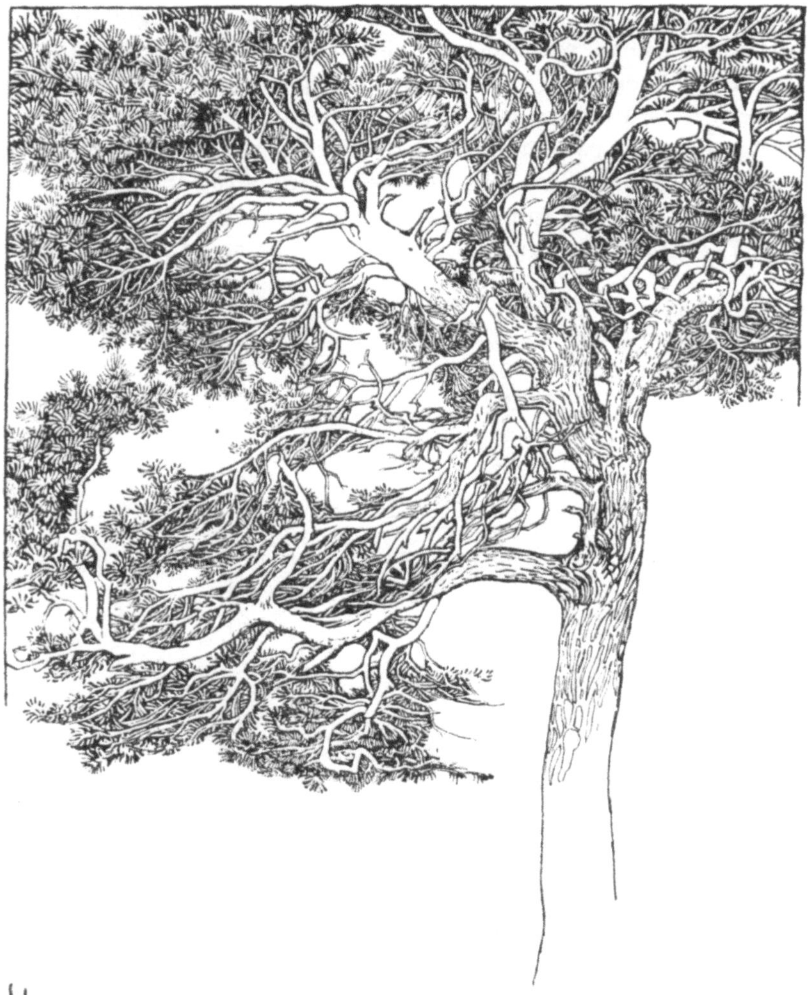

Fig. 719.

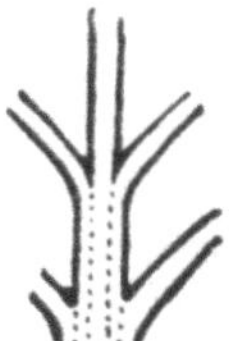

Fig. 720.

Beispiel: Ein Baum (Fig. 719) gibt uns durch die Wuchsrichtung und den Stärkegrad seiner Verzweigung in Stamm, Ast, Zweig, Stil, Blattrippen auch äußerlich eine lebendige Vorstellung seiner Kraft gegenüber der Schwere seines Laubwerks. Beachte in Figur 720 die Nervenstrangbildung eines Blattstils.

Der Begriff eines gesicherten Abstützens wird uns klar in der Bildung von besonderen Stützblättern (Fig. 721). Die feste Verbindung mit dem Boden wird uns deutlich in dem Ausbreiten, Verschlingen und Festsaugen der Wurzel (Fig. 722).

Das Gefühl einer gesicherten Konstruktion und eines festen Umsäumens gewinnen wir in der Gabelform der Rippen und dem herumlaufenden

Fig. 721.

Blattsaum (gleichsam um ein Einreißen des zackigen Randes zu verhindern). (Fig. 723.)

Ähnliche Begriffsdarstellungen, an der Kunstform angewendet, wirken daher leicht verständlich als struktive Formen, wo eine Naturanlehnung erkennbar ist.

Beispiel: Die Bildung des Kandelabers (Fig. 724). Die feste Basis ist ausgedrückt in dem abwärts gerichteten Festwurzeln der Fußpartien;

das Aufsteigen des Schaftes ist einem durch Knoten gefestigten Stengel vergleichbar; die Kelchpartie des Kapitells trägt deutlich die Beleuchtung als leuchtende Blume. Vergleiche ebenso die Bildung des siebenarmigen Leuchters

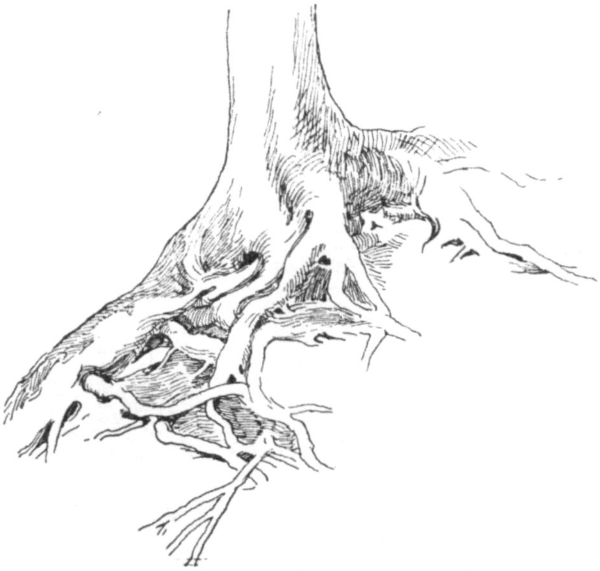

Fig. 722.

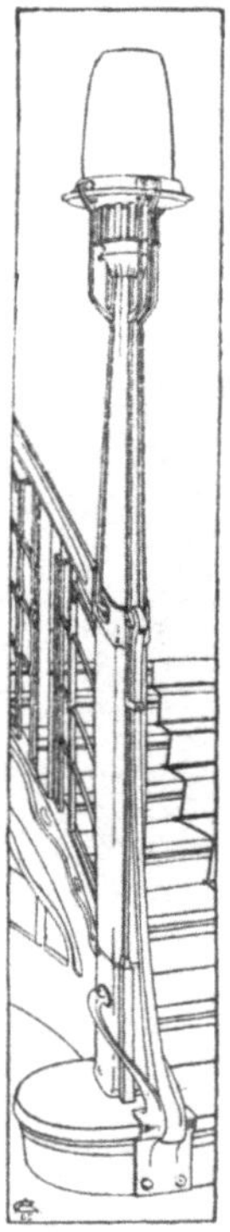

Fig. 724.

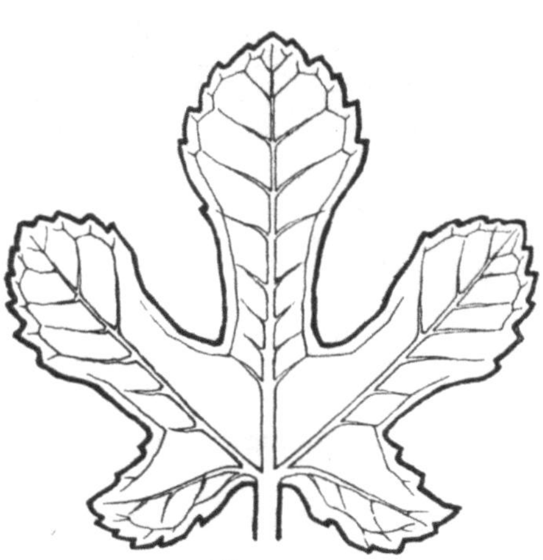

Fig. 723.

(Fig. 725) mit den Stützblättern der Geranie (Fig. 721).

Hierbei ist der in der Natur gewonnene Eindruck eines natürlichen Aufbaus auch bei der Bildung einer Kunstform zu beachten. Last und Stütze müssen in einem wahrscheinlich denkbaren (proportionierten)

Verhältnis zueinander stehen. Wie wahrscheinlich uns daher in Figur 726 die menschliche Figur als müheloser Träger erscheint, ebenso muß auch in einem ornamentalen Aufbau (Fig. 727), wo der Eindruck eines Tragens nur leicht und scheinbar sein soll, hauptsächlich durch die proportionierte Verteilung der Massen das Bild eines mühelosen Aufbaus und leichten Stützens gewonnen werden.

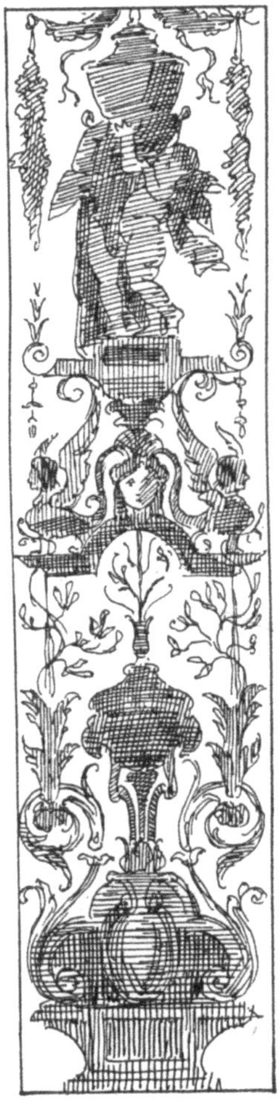

Fig. 727.

Es lassen sich nun nicht überall, ganz besonders nicht in der Architektur, struktive

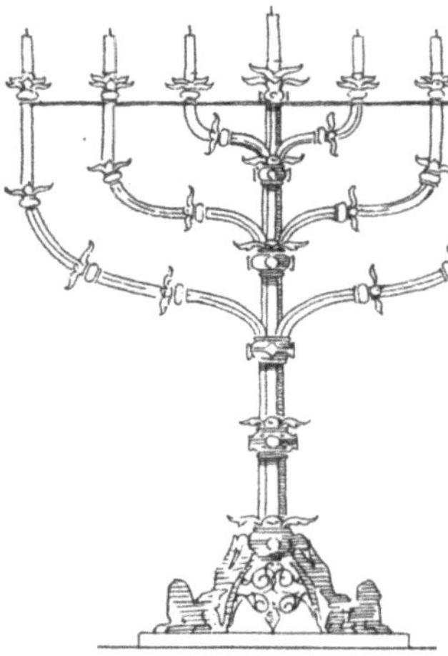

Fig. 725.

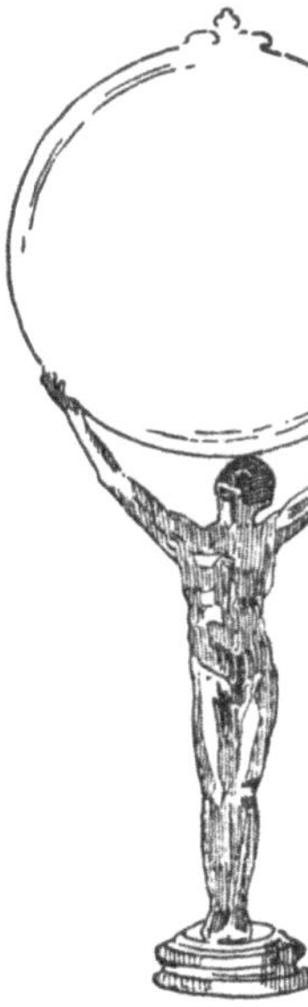

Fig. 726.

Begriffe durch naturähnliche Formen darstellen. Sie würden häufig genug als Spielerei wirken. Auch würden technische Rücksichten (z. B. das Bearbeiten in einem groben Material) das Gestalten in naturalistischen Formen ausschließen.

Während wir bei naturalistischen Darstellungen mehr oder weniger an ein bestimmtes Naturvorbild erinnert werden, ist außerdem damit nicht gesagt, daß dadurch der Eindruck eines struktiven Aufbaus auch immer besonders deutlich in uns hervorgerufen wird. Das Aufsuchen eines bestimmten Naturvorbildes ist auch gar nicht immer durchaus notwendig; Hauptsache ist, daß ein struktiver Eindruck überhaupt und für jeden einzelnen Fall der richtige gewonnen wird. — So wird es denn sehr häufig die ganz entfernte Ähnlichkeit mit einem Naturvorbild, seine abstrakteste Form oder nur der nackte struktive Begriff sein, ausgedrückt durch eine Linienbewegung, wodurch wir den Eindruck eines struktiven Aufbaus oder einer Tätigkeit gewinnen.

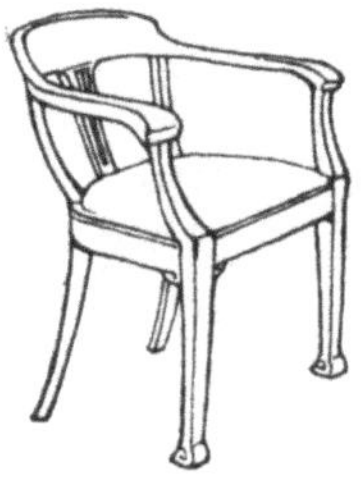

Fig. 728.

Beispiel: Beachte die feine struktive Form des Stuhles (Fig. 728). Sie drückt deutlich seine gesicherte Stellung aus und deutet in allen Formen einladend hin auf seine bequeme Benutzung.

Das Herausarbeiten des struktiven Begriffs, das Darstellen desselben durch abstrakte Formen ist, so einfach diese auch aussehen mögen, eine der schwierigsten Aufgaben. Die richtige Anwendung der in jedem einzelnen Fall notwendig erscheinenden struktiven Formen erfordert ein ganz bewußtes Arbeiten und setzt vor allem ein geschultes Empfinden voraus.

Mit einem solchen ausgerüstet, erkennen wir, daß die senkrechten Riefelungen (Kannelüren) am Säulenschaft nicht willkürlich angebrachte Verzierungen sind, sondern bewußt angewandte struktive Formen, die den Eindruck eines „Aufwärtsstrebens" des Säulenschaftes erhöhen und ihm zugleich als Schmuck gereichen (Fig. 718d).

In der allmählichen Verjüngung des Säulenschaftes nach dem Gebälk zu fühlen wir deutlich die Kraft des elastischen Abstützens.

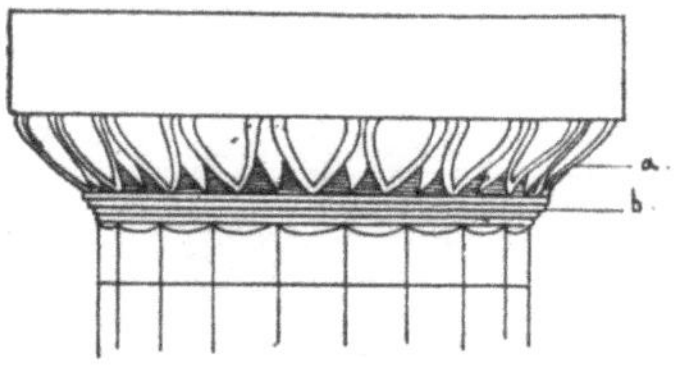

Fig. 729.

Wir gewinnen in den Einkerbungen unterhalb des Kapitells (Fig. 729) die Vorstellung eines Umriemens (gleichsam um ein Ausspringen der Kurvenform zu verhindern) und gleichzeitig den eines festen Verbindens des Schaftes mit dem Kapitell.

Wir finden, daß die verschiedenen Kurvenformen, wie sie an den Profilen der Antike und der Renaissance und zwar in der gleichen Anwendung immer wiederkehren, nicht willkürliche Formen sind. Sie drücken vielmehr in ihren verschiedenen Krümmungen einen ganz bestimmten Grad von Widerstand aus gegen eine verschiedene Belastung (Fig. 730 bis 733).

Kommt es also lediglich auf das richtige Empfinden an, so mag es trotzdem an dieser Stelle lehrreich sein, zu hören, wie Bötticher (Tektonik der Hellenen) die Form des Kymas als die eines heruntergebogenen Blattschemas wissenschaftlich erklärt:

„Aufrecht stehende Blätter (Fig. 734, 735), im Profil (Fig. 734a) vorgeneigt, haben noch völlig den Anschein des Unbelasteten und Frei-

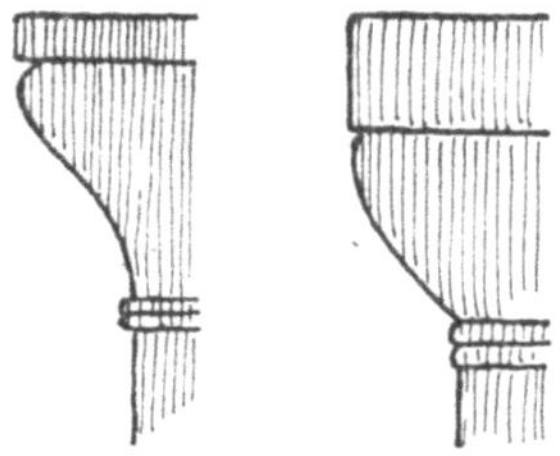

Fig. 730.

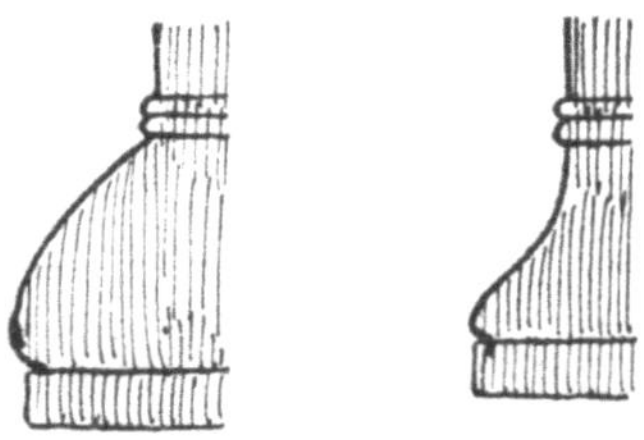

Fig. 731.

endigenden. Neigen solche Blätter ihre Spitzen mehr nach unten (Fig. 736), so werden sie durch eine aufgelegte Last beschwert gedacht. Der höchste Grad von Belastung ist erst dann ausgedrückt, wenn die Blattspitzen bis

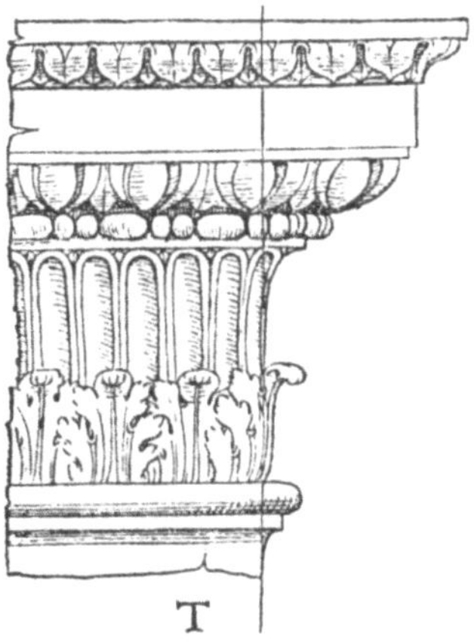

Fig. 732.

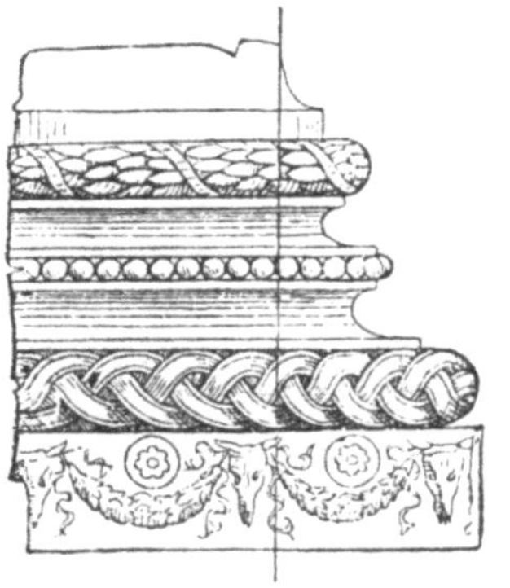

Fig. 733.

zur Wurzel niedergebeugt und an diese angedrückt werden (Fig. 729). Figur 737 zeigt das Blattschema in Malerei ausgeführt.“

Wie sehr die Naturform für eine struktive Formenbildung nur Mittel zum Zweck, nicht Selbstzweck ist, und wie sehr es darauf ankommt, die aus verschiedenen Naturformen abgeleiteten struktiven Formen zu einem organisch glaubwürdigen Ganzen zu gestalten, das sehen wir deutlich ausgedrückt in den Bildungen der Fabelwesen (der Zentauren, Faune, Nixen, Drachen usw.) und in dem Bereich der gewerblichen Er-

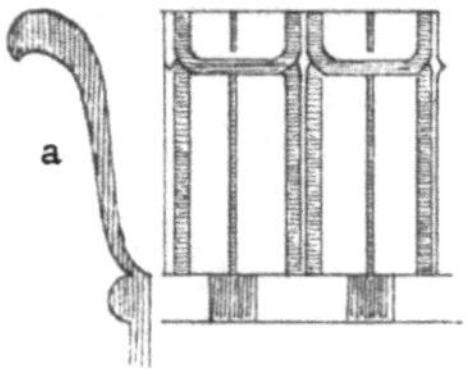

Fig. 734.

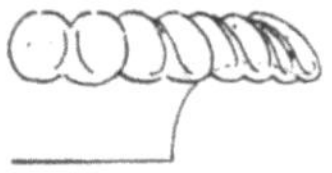

Fig. 735.

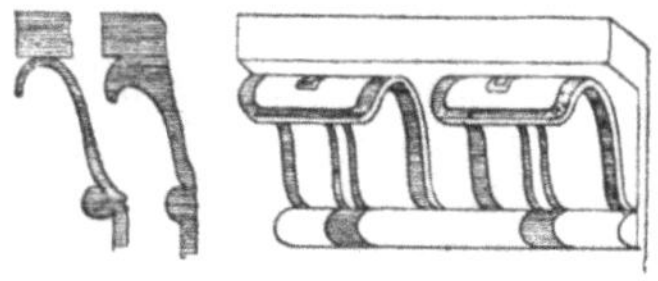

Fig. 736.

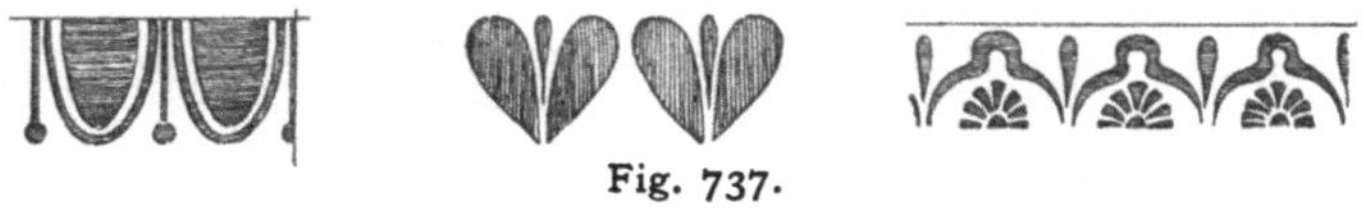

Fig. 737.

zeugnisse an jenen Geräten und Mobilien, deren Träger oder Füße aus der Vereinigung menschlicher, animalischer und vegetabilischer Formen gebildet sind. (Das Akanthusblatt dient hier oft zum Überleiten in eine andere Form.) (Fig. 738, 739.) Erscheinen solche Formen bisweilen auch abenteuerlich, so erweckt doch die richtige organische Verbindung der einzelnen Teile den Eindruck eines wahrscheinlichen Gebildes. (Beachte den richtigen Ansatz der Tierferse an der Stelle der menschlichen Ferse, Figur 740. Achte zugleich auf das auch symbolisch bewußt angewendete Bild des Tierfußes am antiken Mobiliar als Hinweis auf seine bewegliche Handhabung [Hinterfuß als Begriff der elastischen Tragkraft] Figur 739.)

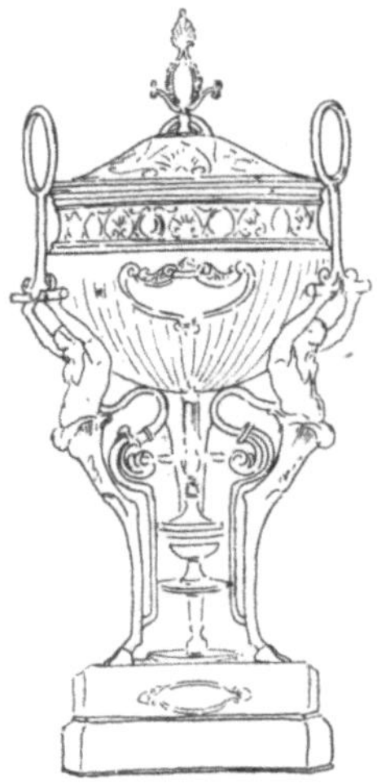

Fig. 739.

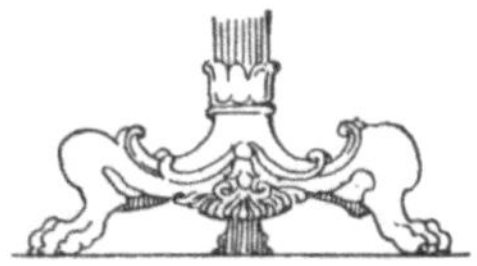

Fig. 738.

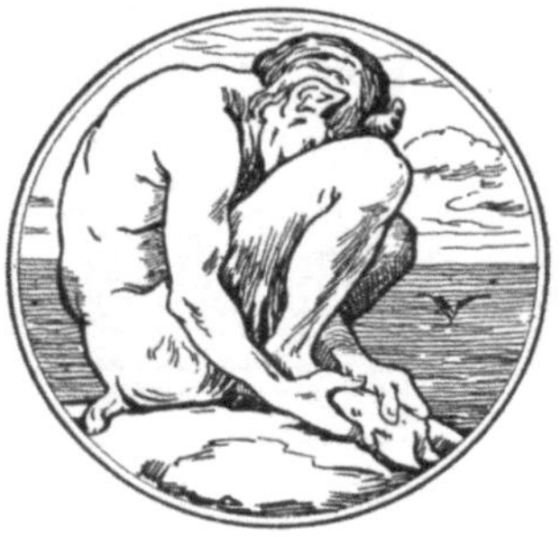

Fig. 740.

Während nun an architektonisch-körperlichen Formen der struktive Aufbau mehr unmittelbar zur Erscheinung kommt, so handelt es sich beim körperlosen struktiven Flächenornament (z. B. bei aufsteigenden oder herumlaufenden Borden usw.) ausschließlich um den Schein eines Aufbaus.

Liegt der Kern einer Säule in ihrer Grundform, die in großen Zügen alles das enthalten muß, was im vollendeten Zustande als struktive Bauform vor uns steht, so bildet den Kern für das

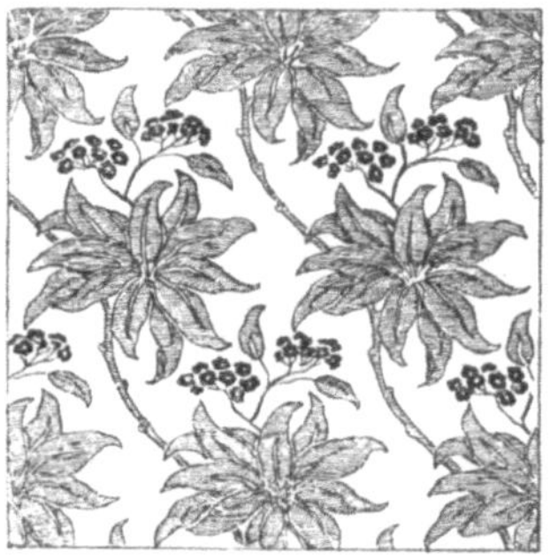

Fig. 741.

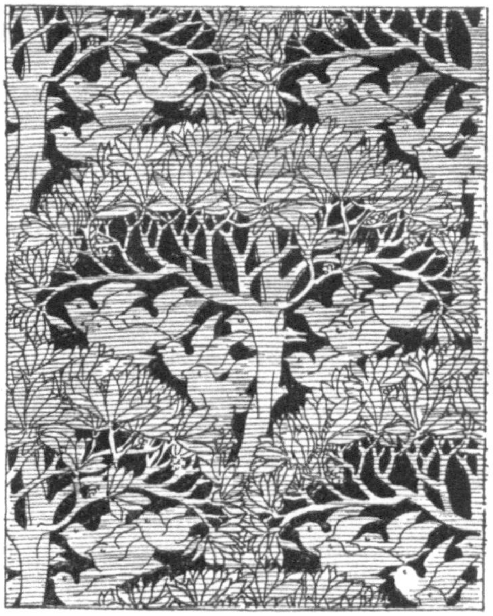

Fig. 742.

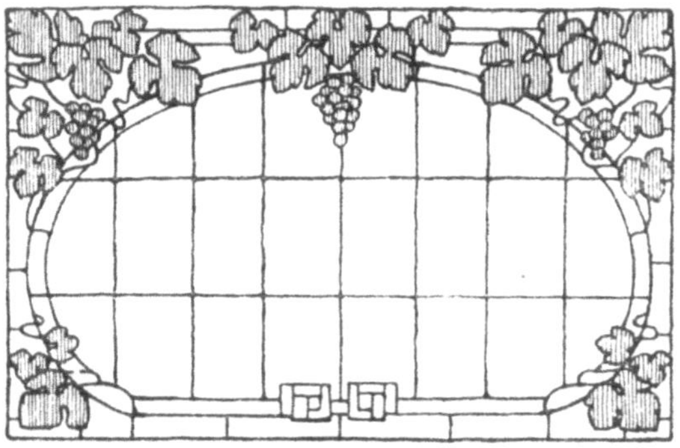

Fig. 743.

struktive Ornament seine Richtungslinie (Struktur-, dekorative Linie).

Beim naturalistischen Pflanzenornament ist sie in der Wuchsrichtung des Stengels leicht erkennbar (Fig. 741, 742) oder in der durch-

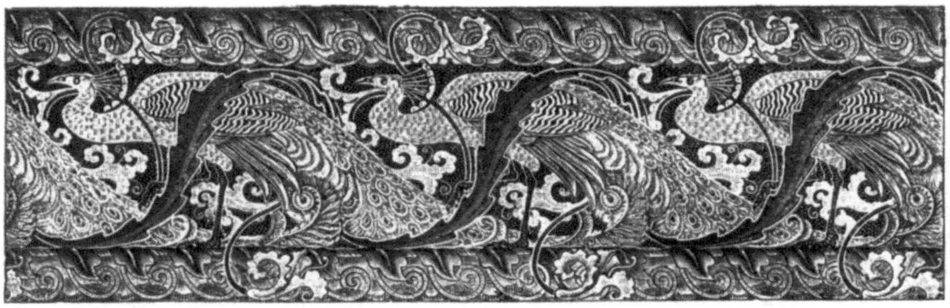

Fig. 744.

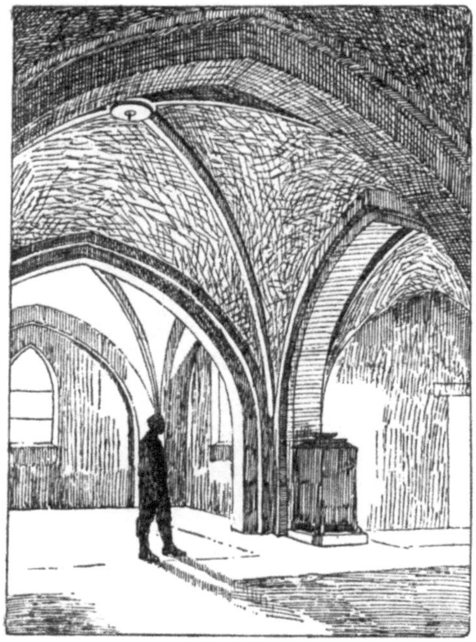

Fig. 745

gehenden Konstruktionslinie enthalten (Fig. 743). Oft aber ist sie verdeckt oder auch nur in der allgemeinen Richtung der Formen enthalten (Fig. 744).

Ihr deutliches Hervortreten oder das Herausfühlen derselben gibt den Formen den straffen dekorativen Zug, und dieser wird überall dort gefordert, wo durch das Zusammenraffen kleinerer zerstreuter Formen eine großzügige Wirkung erzielt werden soll. (Vgl. dies mit dem in der Architektur gewonnenen straffen Eindruck durch die Spannweite an Gewölben, an den Bögen eiserner Brückenbauten usw., Figur 745, 746, Gartenpforte.)

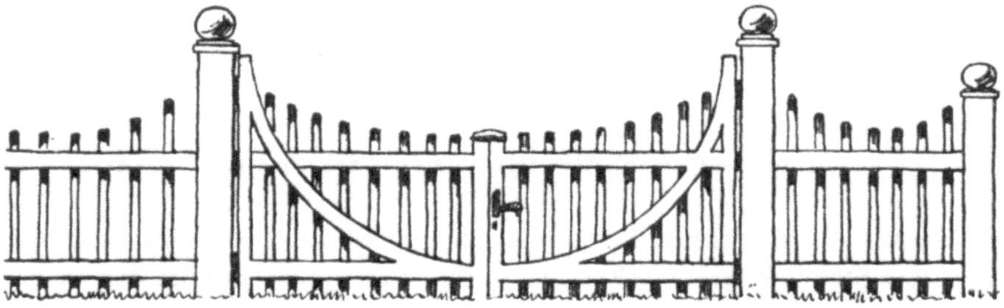

Fig. 746.

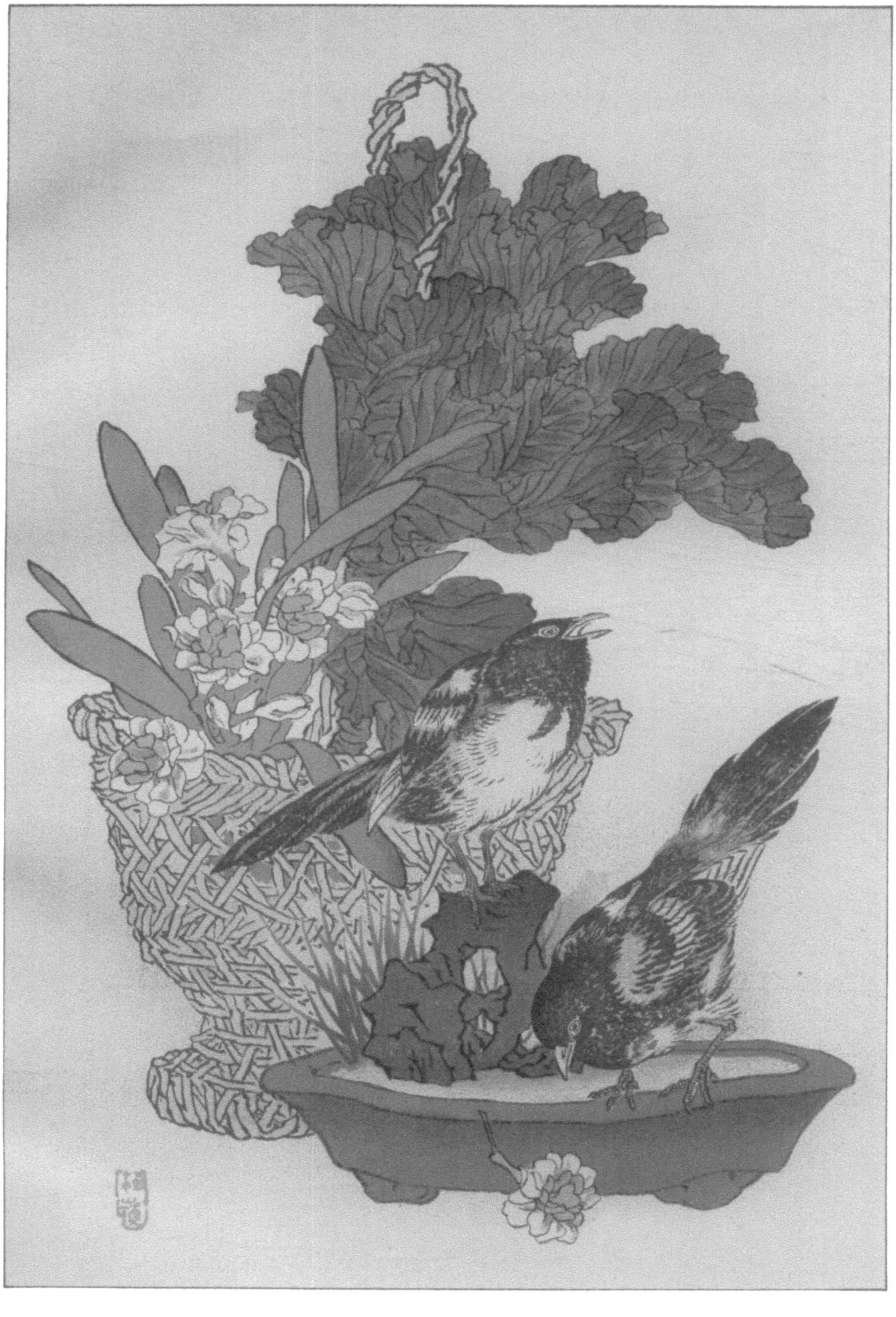

Blatt eines japanischen Bilderbuchs.

Der lebendige Wuchs der Naturform ist auch hier nur das Mittel, eine absichtlich gewollte Wuchsrichtung überzeugend darzustellen. Beispiel: Die für eine straffe Erscheinung der Zwickelform (Fig. 747) notwendig erscheinenden schlanken Strukturlinien sind hier als Rosengerten dargestellt. Da ihre Wuchsrichtung dem natürlichen Wuchs der Pflanze entspricht, so wirkt die gewählte Form überzeugend. Beachte das Nebeneinanderlaufen mehrfacher Stengel zum kräftigen Hervorheben der Strukturlinie, einmal in der Richtung des Zwickelrandes, dann aber der Mitte zu in entgegengesetzter Richtung, teils um durch den Kontrast einen leben-

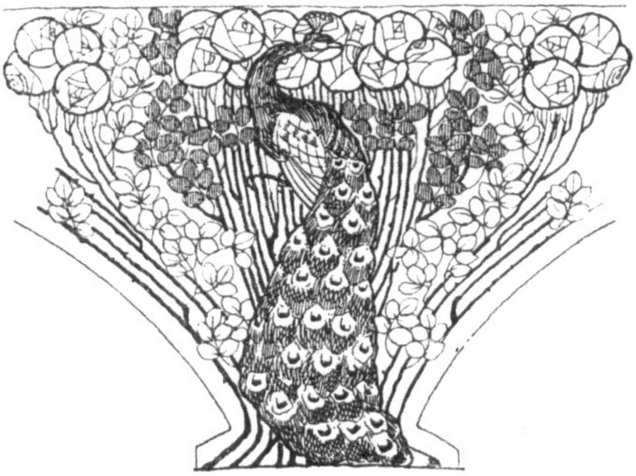

Fig. 747.

digen Wuchseindruck zu erzielen, teils zum Sammeln für die Mittelpartie (vgl. auch Fig. 870).

NB. Jeder Zeichner, und nicht allein der Anfänger, verfällt leicht in den Fehler, den lebendigen Wuchs, wie ihn seine Naturstudien ihm bieten, direkt verwenden zu wollen. Da die Hauptsache, wie in Figur 747, die Betonung der Struktur ist, so ist ein Gestalten aus dem Gedächtnis (NB. nach vorhergegangenem Naturstudium!) oft weit zweckdienlicher.

Schwieriger als an den naturalistischen Formen ist das Erkennen einer struktiven Tätigkeit an abstrakten Formen (der geraden Linie als der abstraktesten). Hier ist wohl zur Hauptsache in der Art unserer Sinnestätigkeit der Grund einer lebendigen Vorstellung zu suchen.

Wirkt z. B. die Säule, in Wirklichkeit betrachtet, unmittelbar als etwas Aufstrebendes, weil unser Blick tatsächlich an ihr hinaufgleitet, so ist es ein ähnlicher (analoger) Vorgang in unserer Blickstätigkeit, der beim Betrachten abstrakter Linien am kleinen Flächenornament denselben Eindruck in uns hervorruft. Beispiel: Eine senkrechte Linie ohne Abschluß wirkt auf uns unentschieden, sie läßt eine bestimmte Richtung nach oben oder nach unten nicht erkennen. Zeigt sie dagegen einen reicheren oberen Abschluß (Fig. 748), so wird unser Blick von unten nach oben gezogen; wir gewinnen den Eindruck von etwas Aufwärtsgerichtetem. Umgekehrt zieht die senkrechte Form mit reicherem unteren Abschluß den Blick abwärts, und wir erhalten den Eindruck von etwas Abwärtsgerichtetem, Hängendem.

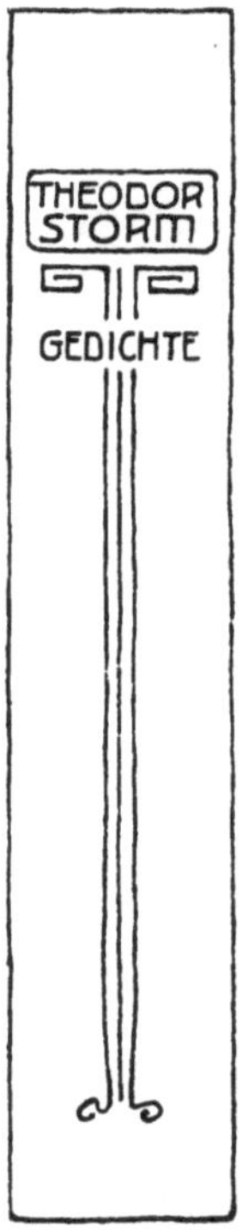

Fig. 748.

Je schmäler diese senkrechte Form, um so kräftiger wird der Eindruck eines Emporsteigens oder Herabgleitens, und desto mehr empfinden wir gleichzeitig den verschiedenen Grad einer Schnelligkeitsbewegung (man spricht von einem „schießenden" Halm). Die zunehmende Breite schwächt den Eindruck; das Quadrat enthält als indifferente Form, zwischen aufsteigend oder ausbreitend gerichtet, den Ausdruck ausgeglichener Ruhe.

In demselben Maße erweckt die verschiedene Breitenausdehnung einer Form mit seitlichem Abschluß bis zur wagerechten Linie in uns die abgestuften Empfindungen vom ruhigen Liegen, dem seitlichen Ausbreiten bis zur schnellen seitlichen Verbindung.

Das Empfinden einer scheinbaren Bewegung im Ornament ist wichtig für die richtige struktive Anwendung von Borden als abschließende, herumlaufende, säumende Formenbildungen oder von Friesen, Flächenmustern usw. als ausbreitende, aufsteigende oder herabhängende Flächenelemente. Von der Art der Ruhe oder Bewegung hängt der anregende oder langweilig wirkende Eindruck des struktiven Ornaments wesentlich ab.

Es folgen einige Beispiele für das Wahrnehmen einer Richtung und Bewegung im Ornament (Fig. 749).

A. Borden ohne Bewegung und Richtung nach rechts oder links: Fig. 1 und 2 erscheinen vollständig indifferent. Fig. 3—5 zeigen verschiedene Abstufungen eines seitlichen Ausbreitens.

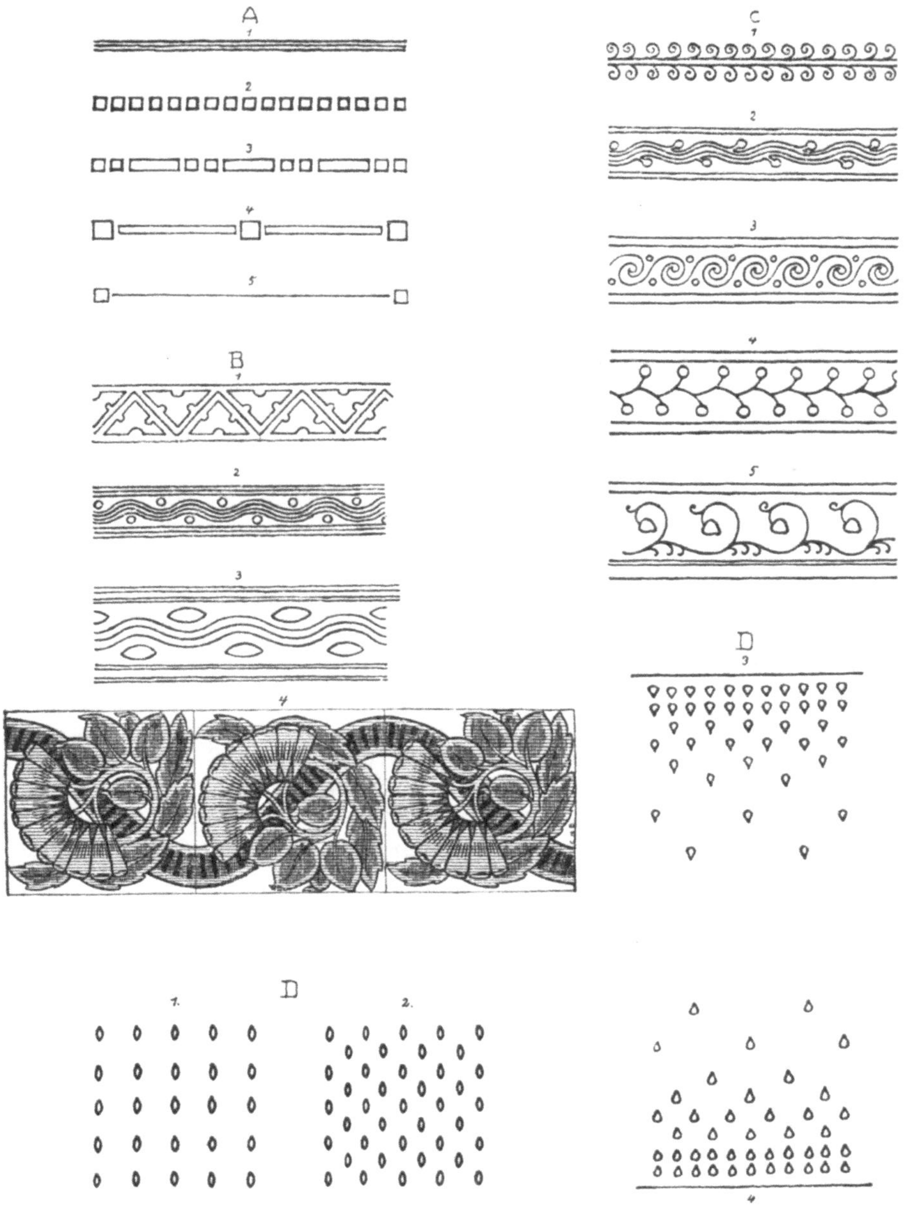

Fig. 749.

B. Borden mit stehender (latenter) Bewegung, ohne Richtung nach rechts oder links; eine Fortbewegung wird nicht empfunden; die senkrechte Achsenstellung, symmetrisch angeordnet, läßt die Bewegung latent: Fig. 3 macht den Eindruck eines seitlichen Ausbreitens. Sämtliche Borden 1—4 können für jede Richtung als auf- oder absteigend, vorwärts oder rückwärts, angewendet werden. Ihr Eindruck bleibt immer derselbe.

C. Borden mit ausgesprochener Richtung nach rechts oder links; die Bewegung wirkt durch die teilweise hemmende Rückbewegung verschieden langsamer oder schneller:

Fig. 1 erscheint ohne Bewegung und nur nach rechts gerichtet. Fig. 2 zeigt zum Unterschied von Fig. B^2 durch die seitlich gerichteten Stengel eine Fortbewegung, Fig. 3 langsame, weil zurückrollende Fortbewegung, Fig. 4 stark pendelnde Vorwärtsbewegung, Fig. 5 kriechende Bewegung; ein Fortlaufen wird ebenso wie in dem Fries Fig. 744 durch die rückwärts gerichteten Formen nur schwach empfunden.

D. Flächenmuster, an denen die Anordnung des Musters struktiv verschieden wirkt:

Fig. 1 erscheint durch die quadratförmig gestellten Achsen ausdruckslos und langweilig.

Fig. 2 interessiert lebhafter, weil durch die abwechselnde Stellung ein Pendeln in der Richtung empfunden wird.

In Fig. 3 haben wir in dem allmählichen Aufhören der Formen den Eindruck des nachlassenden Herabtropfens (oberer Wandfries); in Fig. 4 dagegen, in dem Verdichten der Formen nach unten zu, den Eindruck eines schweren Fallens (unterer Saum eines Vorhangs).

Die Form als Symbol.

Zum Unterschied von den struktiven Formen, welche die Tätigkeit an einem Gegenstande veranschaulichen, sollen die symbolischen Formen die Bedeutung und die inhaltliche Bestimmung eines Werkes oder eines seiner Teile andeuten. Symbolum, ursprünglich = Merkmal, Erkennungszeichen; dann = Sinnbild, Bild, hinter dem ein